我要去太空 中国航天科学漫画

畅想！未来星球

懂懂鸭 著/绘

童趣出版有限公司编　　人民邮电出版社出版
北　京

图书在版编目（ＣＩＰ）数据

畅想！未来星球 / 懂懂鸭著、绘 ； 童趣出版有限公司编. -- 北京 ：人民邮电出版社，2023.3
（我要去太空. 中国航天科学漫画）
ISBN 978-7-115-60884-0

Ⅰ．①畅… Ⅱ．①懂… ②童… Ⅲ．①宇宙－少儿读物 Ⅳ．①P159-49

中国国家版本馆CIP数据核字(2023)第016161号

- -

著 / 绘：懂懂鸭
责任编辑：史苗苗
责任印制：李晓敏
封面设计：韩木华
排版制作：北京胜杰文化发展有限公司

编　　　：童趣出版有限公司
出　　版：人民邮电出版社
地　　址：北京市丰台区成寿寺路 11 号邮电出版大厦 （100164）
网　　址：www.childrenfun.com.cn

读者热线：010-81054177
经销电话：010-81054120

印　　刷：北京宝隆世纪印刷有限公司
开　　本：710×1000 1/16
印　　张：2.75
字　　数：40 千字
版　　次：2023 年 3 月第 1 版　2023 年 3 月第 1 次印刷
书　　号：ISBN 978-7-115-60884-0
定　　价：20.00 元

序言

　　我国航天产业的多个工程被列为"科技前沿领域攻关项目"，如火星和小行星探测工程、新一代重型运载火箭和重复使用航天运输系统、探月工程等。2021年我国航天发射次数达55次，位居世界第一。2022年我国空间站"T"字基本构型组装完成。"天和"升空、"天问"奔火、"羲和"探日……太空探索越来越热闹。

　　"我要去太空　中国航天科学漫画"（全8册）讲解了目前航天领域最热门的前沿技术，用孩子们喜欢的画风和平实的语言科普关于航天员、火箭、载人飞船、空间站、人造卫星、探月工程、火星探测、深空探测的航天知识，让孩子们对航天科技感兴趣，感受航天科技给未来生活带来的无限可能，激发孩子们对宇宙的探索欲望。

　　本套书不会直述枯燥、难懂的概念和定理，而是将它们以简洁易懂的语言表述出来。比如，书中将玉兔号的核热源形容为日常生活中常见的"暖宝宝"，用简洁、形象的图像解读测月雷达的工作原理等。这样的例子贯穿全书，让孩子们可以轻松理解高深的知识。

　　本套书以孩子们的视角介绍前沿的航天科技，而不是站在高处自说自话；将专业术语通过对比、比喻以及场景化的表达方式结合精准的画面（简笔画画风）表述出来，让孩子们读起来没有压力，同时又很有代入感。比如，书中称玉兔号的行进速度就跟地球上堵车时汽车缓慢前进的速度差不多。

　　本套书内容聚焦最新的中国航天科技，正文内容串联起了 200 多组航天相关知识问答，加上附赠的"课本里的航天科技""中国航天大事记"，旨在帮助孩子们延伸学习，汲取更多相关学科知识。

全国空间探测技术首席科学传播专家

庞之浩

附赠

课本里的航天科技
中国航天大事记

目录

亲爱的＿＿＿＿＿＿小朋友：

　　你好！

　　我是懂懂鸭，将会和你一起学习和探索航天知识。

　　希望这本书能让你了解到更多的航天知识，感受航天科技给未来生活带来的无限可能。还在等什么？快来跟我一起开启阅读之旅吧！

你的朋友：懂懂鸭

未来的中国空间站

大家好，我是懂懂鸭。2022年，我国已经初步建成了天宫空间站。未来，天宫空间站会是什么样子呢？

快坐上我的飞船，和我一起穿越时空吧！

这里可以常驻6位航天员，他们正在做科学实验。

这位航天员在做材料实验。新型材料质量更小、强度更高，用到火箭、飞机上，能降低重量、节省燃料。

这位航天员正在做医学实验，他有可能研制出对抗癌症的特效药。

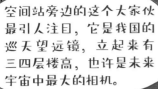

空间站旁边的这个大家伙最引人注目，它是我国的巡天望远镜，立起来有三四层楼高，也许是未来宇宙中最大的相机。

巡天望远镜和空间站并行飞行，方便自身的维修、升级换代和补充燃料。

巡天望远镜拥有"千里眼"，可以探测超过 10 亿个星系，绘制出 100 亿光年内的暗物质分布图，这个分布图主要用来揭开暗物质的神秘面纱。

当然，巡天望远镜也可以观测太阳和其他行星，让我们更清晰地了解太阳系的边缘在哪儿，以及那里的真实样貌。

3

嘘！我们要 "监视" 太阳和黑洞

说到太阳，我们要时刻关注它的变化，因为这家伙的脾气不太好。

当太阳黑子、光斑和耀斑等太阳活动增强时，会释放出大量的射线。

强烈的射线有可能会破坏航天器。

如果大量的射线穿过地球大气层，就很有可能引发磁暴，破坏地面的电子设备，到时候，电力、通信、交通系统都会瘫痪。

未来，我国可能会部署日地空间探测系统——"夸父"。它主要负责 "监视" 太阳的动向，及时对磁暴的发生做出预警。

未来，我国的引力波探测技术可能已经达到甚至领先国际水平。

看，这3颗卫星排列成等边三角形，共同组成了我国的空间引力波探测器——"太极"。

当两个黑洞合并时，会产生像水波一样的引力波。

然而引力波太微弱了，一般的仪器很难探测到它的存在。

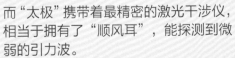

而"太极"携带着最精密的激光干涉仪，相当于拥有了"顺风耳"，能探测到微弱的引力波。

有了引力波的相关数据，科学家能更深入地研究恒星的演化过程和黑洞的存在。

拦截！阻击小行星

在火星和木星之间，有一个特殊的区域，那里汇聚着数不尽的小行星，被称为小行星带。

小行星总是不守规矩，经常偏离轨道，其中一些就会朝着地球飞过来。

体积较小的小行星进入大气层时，会与大气层产生摩擦，然后发光、发热并且温度不断升高，最终将自己烧成灰烬。

然而，体积较大的小行星撞击地球时，会带来毁灭性的灾难，甚至造成物种大灭绝。

目前，科学家发现了数万颗小行星有撞击地球的可能。2023 年，可能就有一颗直径为 50 米的小行星从地球身边经过。如果它击中地球，产生的破坏力相当于 1000 颗原子弹。

为了保护地球的安全，对小行星进行监测和防御，成为我国的重要任务。

未来，我国将建立小行星预警和防御系统。

小行星预警和防御系统可以为小行星建立"户口档案"，帮助我们了解它们的运行轨道、质量和体积等。

如果有不老实的小行星"威胁"地球，我们可以通过发射卫星进行激光照射和撞击等手段，改变它的运行轨道，让它远离地球。

此外，随着人造卫星越来越多，卫星之间或者卫星和空间站之间更容易相撞。

小行星预警和防御系统能"监视"不怀好意的卫星，防止它们接近我国的卫星或空间站。

超级网络和超级能源

未来，我国将拥有"太空互联网"——"鸿雁"星座通信系统。

"鸿雁"星座通信系统可填补地球表面的通信空白，构建我国"海、陆、空、天"一体的卫星移动通信与空间互联网接入系统。

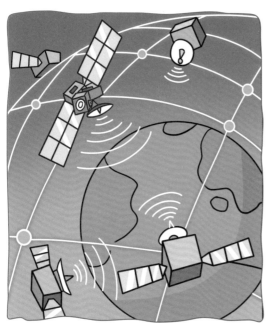

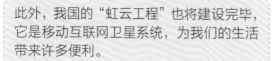

此外，我国的"虹云工程"也将建设完毕，它是移动互联网卫星系统，为我们的生活带来许多便利。

"虹云工程"为飞机、轮船、客货车辆、无人机等提供无线网络信号，其信号传输范围覆盖全球，包括偏远山区和岛屿。

未来，我国可能会建造空间太阳能发电站，它就像一个超大号的太阳能电池。

地球上的化石能源是不可再生的，而且化石能源燃烧生成的气体会污染环境，加剧温室效应。

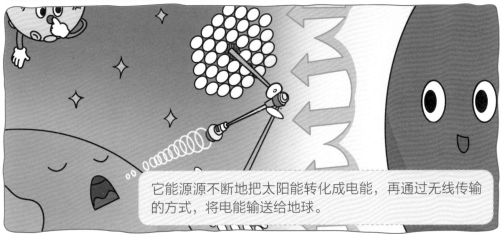

它能源源不断地把太阳能转化成电能，再通过无线传输的方式，将电能输送给地球。

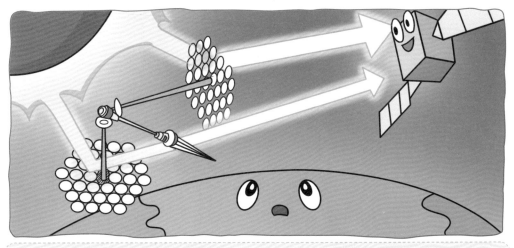

因为空间太阳能发电站就在太空中飞行，所以它还可以给空间站和其他航天器供电。

探索！考察月球南极

嫦娥五号任务完成后，我国还将部署月球南极的科考工作。

嫦娥七号的"五器合体"相当厉害！要知道，中继星之前一直是提前发射的。

月球车：玉兔家族的新成员，能够在月球表面行动，配合飞跃器一起探测月球南极。

中继星：探测器和地球之间的信号中转站。

飞跃器：有多条机械腿，可以像昆虫一样在月球表面爬行，也可以低空短途飞行。

环绕器：围绕月球飞行，在太空里完成探测任务。

着陆器：月球车和飞跃器的"星际客车"，带着它们登陆月球。

嫦娥七号的月球车和飞跃器组成地空探测网，在太空和月面同时探测地貌，帮助科学家绘制月面地形图。

月海

陨石坑

更重要的是，月球车和飞跃器要探测月球南极地下水的分布情况，为月球科研站的选址提供依据。

嫦娥七号任务完成之后，嫦娥八号紧随而来，除了完成科研探测之外，它的主要任务是检验一系列关键技术。

嫦娥八号可能尝试利用月壤完成 3D 打印试验，一旦成功，我们就能直接在月面上"打印"出月球科研站的主要建筑。

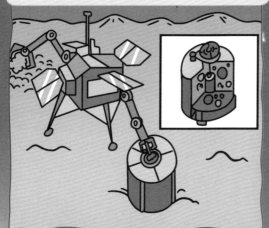

嫦娥八号还可能利用月壤制备氧气，一旦成功，这将取代用水制备氧气的技术。

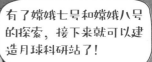

有了嫦娥七号和嫦娥八号的探索，接下来就可以建造月球科研站了！

欢迎来到月球科研站

月球离地球比较近，为了以后执行星球探测任务时有中转站，我国将在月球上建立科研站。建立科研站需要在月球上找一块好地方。

月海——月球表面的平原

月海地势较低且平坦，非常适合探测器着陆。

科研站就是一个大型的太空实验室，方便航天员更长时间地停留在上面做各种实验，以此帮助科学家进一步了解月球。

但问题是，月球白天和晚上气温相差 300 多摄氏度，如果科研站建在这里，就要长期经受"冰与火"的考验。

所以，月球的两极地区成为我国建立科研站的绝佳选择。

科学家发现，月球南、北极类似地球两极，也有极昼和极夜现象，科研站建在这里能避免经受巨大温差的考验。

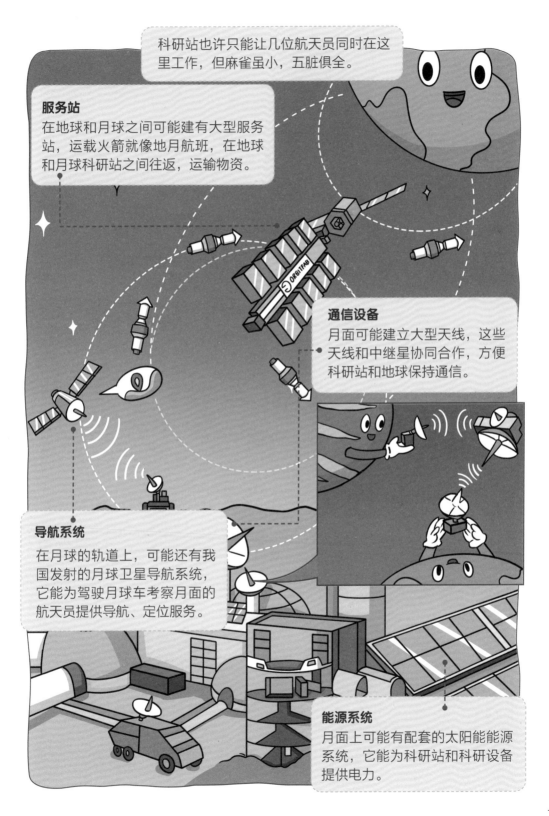

科研站也许只能让几位航天员同时在这里工作，但麻雀虽小，五脏俱全。

服务站

在地球和月球之间可能建有大型服务站，运载火箭就像地月航班，在地球和月球科研站之间往返，运输物资。

通信设备

月面可能建立大型天线，这些天线和中继星协同合作，方便科研站和地球保持通信。

导航系统

在月球的轨道上，可能还有我国发射的月球卫星导航系统，它能为驾驶月球车考察月面的航天员提供导航、定位服务。

能源系统

月面上可能有配套的太阳能能源系统，它能为科研站和科研设备提供电力。

13

登陆小行星

建立月球科研站的同时，我国对太阳系内的行星也进行了更深入的探测。

这是 2016HO3 小行星，科学家将它视为地球的准卫星。

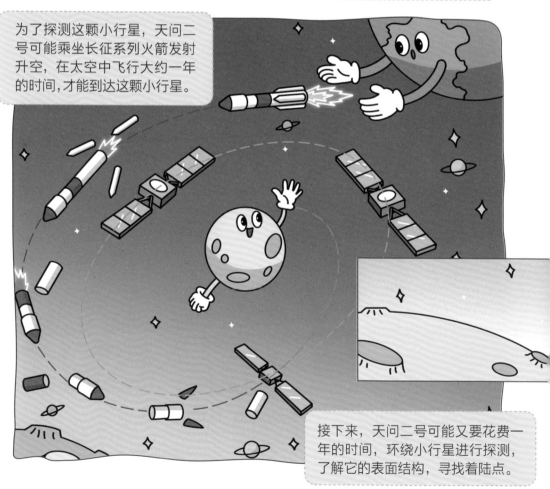

为了探测这颗小行星，天问二号可能乘坐长征系列火箭发射升空，在太空中飞行大约一年的时间，才能到达这颗小行星。

接下来，天问二号可能又要花费一年的时间，环绕小行星进行探测，了解它的表面结构，寻找着陆点。

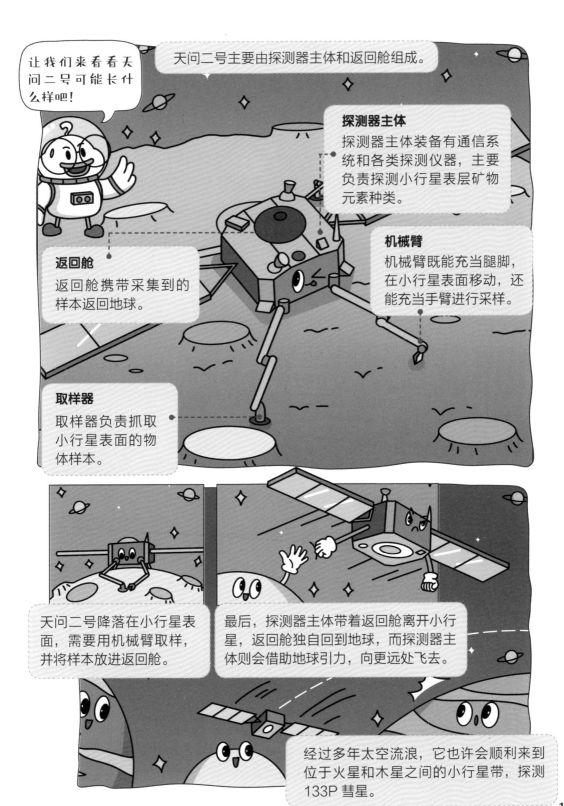

让我们来看看天问二号可能长什么样吧!

天问二号主要由探测器主体和返回舱组成。

探测器主体
探测器主体装备有通信系统和各类探测仪器,主要负责探测小行星表层矿物元素种类。

机械臂
机械臂既能充当腿脚,在小行星表面移动,还能充当手臂进行采样。

返回舱
返回舱携带采集到的样本返回地球。

取样器
取样器负责抓取小行星表面的物体样本。

天问二号降落在小行星表面,需要用机械臂取样,并将样本放进返回舱。

最后,探测器主体带着返回舱离开小行星,返回舱独自回到地球,而探测器主体则会借助地球引力,向更远处飞去。

经过多年太空流浪,它也许会顺利来到位于火星和木星之间的小行星带,探测133P 彗星。

15

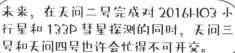

未来，在天问二号完成对 2016HO3 小行星和 133P 彗星探测的同时，天问三号和天问四号也许会忙得不可开交。

天问三号可能会开启对火星新一轮的探测。它主要由巡航级、进入舱、上升器以及轨返组合体（轨道器、返回器）构成，每一部分都有不同的任务。

巡航级相当于地火航班，带着进入舱和上升器到达火星。

进入火星轨道后，进入舱打开，外罩脱落，上升器着陆。

样本采集完毕，马上对接！

上升器在火星表面抓取样本，并将样本对接给巡航级。巡航级将接收到的样本对接给轨返组合体，并由返回器将样本带回地球。

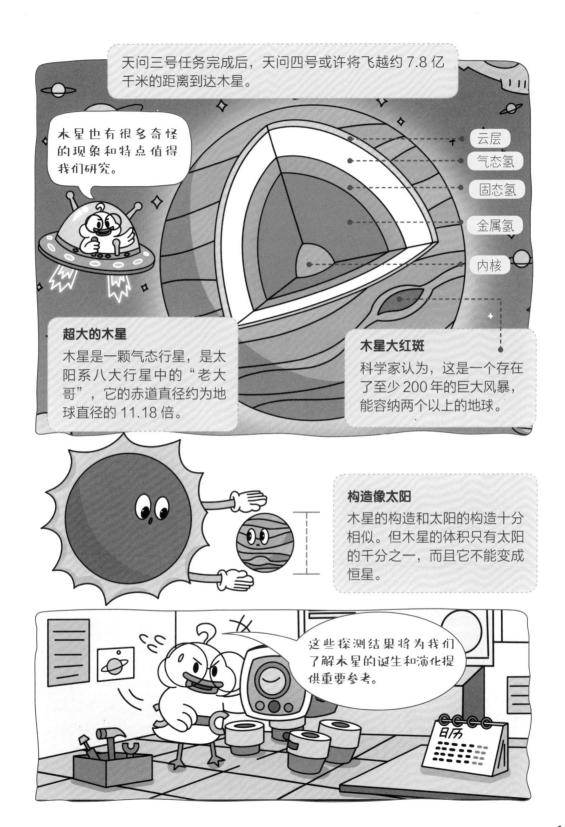

天问三号任务完成后，天问四号或许将飞越约 7.8 亿千米的距离到达木星。

木星也有很多奇怪的现象和特点值得我们研究。

云层
气态氢
固态氢
金属氢
内核

超大的木星
木星是一颗气态行星，是太阳系八大行星中的"老大哥"，它的赤道直径约为地球直径的 11.18 倍。

木星大红斑
科学家认为，这是一个存在了至少 200 年的巨大风暴，能容纳两个以上的地球。

构造像太阳
木星的构造和太阳的构造十分相似。但木星的体积只有太阳的千分之一，而且它不能变成恒星。

这些探测结果将为我们了解木星的诞生和演化提供重要参考。

日历

月球小镇

人口过载

联合国预测，未来 50 年内，世界总人口将逼近 100 亿，那时地球会变得非常拥挤！

更遥远的未来，人类或许将面临生存难题！

生存空间不足

温室效应加剧，两极冰川融化，海平面上升导致陆地减少。

今日油已售罄

能源稀缺

石油、煤炭等不可再生资源变得非常稀缺，以至于严重影响人们的日常生活。

我猜越来越多的人会选择离开地球，移民至其他星球，而离我们最近的月球应该会是个非常不错的选择。

未来，月球上可能建立了人类家园 —— 月球小镇，它可能是一个拥有巨大穹顶的聚居区。

月球小镇的穹顶和所有建筑是使用新型纳米材料通过 3D 打印技术制成的，质量轻且坚固耐用。

月球小镇旁边是月球工厂，这里有个核电站，它能利用月壤中的氦为小镇提供电力、光照。

月球小镇环境优美，生活便利，食物丰富。

小镇里有人工河流、丛林和空中高速公路。

小镇里遍布超市、影院、健身房和餐厅，里面的工作人员都是机器人！

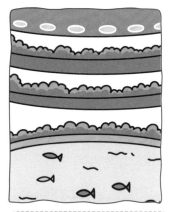

小镇的食物来自高科技温室大棚，那里不仅可以种植粮食、蔬菜，还可以进行鱼类养殖。

小镇上的旅行社还能为你制订旅行计划，带你去看环形山和月海。

火星变"地球"

如果不想住在月球小镇，火星乐园也许是个不错的选择。

作为地球的近邻，我们如何把火星改造成第二个"地球"呢？

第一步：让火星变暖

让火星变暖有两种方式：一是直接燃烧火星矿物；二是释放特种细菌，它们能排出二氧化碳。

第二步：提高光照强度

在火星轨道放置巨大的反光镜，聚集阳光。

这时，温室效应及反光镜反射的阳光，会让火星逐渐变暖。

水蒸气

你看，随着火星温度升高，地下水、冰也变成了水蒸气，大气也跟着变得湿润了。

第三步：改变火星大气成分

释放特种微生物，它们可以吸收二氧化碳并释放氧气。

第四步：改造火星土壤

特种微生物同时增加火星土壤中的氮含量，让火星土壤更适合植物生长发育。

第五步：建造房屋

在火星表面释放大量真菌，它们可以按照我们的设计长成巨大的蘑菇房屋。

我不仅可以为人们提供住所，还能不断释放氧气，继续改造大气和土壤。

一举多得，太厉害了！

或许经过多年的改造，火星已经变得和地球十分相似。

几十年后，经过改造的火星成了我们的新家园。

地球上的海洋孕育了生命，同样拥有海洋的木卫二也成了我们的移民备选星球。

意大利科学家伽利略用自制望远镜发现了木卫二——木星的第四大卫星。

看，这就是木卫二，它比月球小一点儿，直径约为 3100 千米，相当于从哈尔滨到广州的距离。

木卫二表面有一层薄薄的含有氧气的大气。

内核

硅酸盐岩层

冰下海洋

冰层

木卫二大气层下面是约 100 千米厚的冰层，冰层下面是包裹整个星球的海洋。

木卫二是太阳系中除地球以外，唯一拥有大量液体的地方。未来，我们也许能在这里建立水下城市。

另一个移民备选星球是遥远的土卫六，它是土星最大的卫星，也是太阳系第二大卫星。

土卫六，又叫泰坦星，直径大约为5000千米，只比我们的黄河短400多千米。

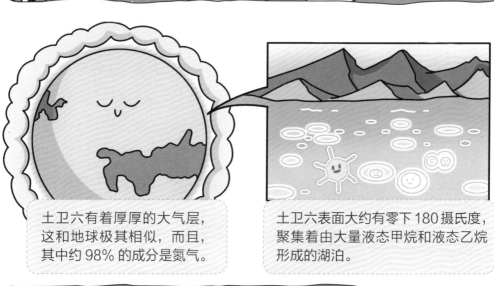

土卫六有着厚厚的大气层，这和地球极其相似，而且，其中约98%的成分是氮气。

土卫六表面大约有零下180摄氏度，聚集着由大量液态甲烷和液态乙烷形成的湖泊。

地球原始海洋孕育有机物时的环境中就有丰富的甲烷。

所以土卫六也入选了太空移民备选星球名单。

太阳要"退休"

不过，火星、木卫二、土卫六也不能让我们长久地居住，原因就在太阳身上。

太阳"退休"前的最后阶段，它的亮度会变成现在的两倍多，强烈的光照会让地球的温度升高 60 摄氏度。

高温让地球上的海洋沸腾，大气也跟着蒸发了。到那时，地球将不再适合人类生存。

太亮了！

当太阳内部的氢气消耗完后，晚年的太阳会变成红巨星，那时它的亮度是现在的 2000 倍！

同时，太阳会"发福"膨胀，以至于一口气吞掉水星和金星，逼近地球和火星的轨道。

你不要过来啊！

地球变成距离太阳最近的行星，在高温的炙烤下，将会变成火球！

不过，也有另一种可能——太阳内部的氢气消耗完后，它的质量变小，引力也变小了。

地球摆脱了太阳的引力，很可能在被太阳烤干前，就飘向了更远的太空。

随着距离太阳越来越远，地球再也不能获得充足的光照和能量，成为一颗覆盖着冰层的冰冻星球。

就算地球可以跟随太阳同步运动，几亿年后，正式"退休"的太阳也会慢慢缩小，由红变白，成为一颗暗淡冰冷的白矮星。

曾经光辉明亮的太阳系变成了一片灰暗和死寂，生命在这里根本没办法生存。

不管会出现哪种可能，我们都必须提前准备离开地球甚至太阳系，寻找新的家园。

太阳"退休"之后，我们还能去哪儿呢？要想回答这个问题，得先知道我们现在在哪儿？

这是我们所处的银河系，即便是宇宙中速度最快的光，也要花大约18万年才能走完银河系的直径距离。

在银河系中，恒星约占90%，气体和尘埃组成的星际物质约占10%。

这是太阳系，位于猎户座旋臂，距离银河系中心2.4万~2.7万光年。

新物种！恐龙

上一次太阳系转到现在的位置时，地球经历了二叠纪生物大灭绝，恐龙在那之后才出现。

而银河系也只是宇宙众多星系中普通的一个，它与其附近几十个大小不等的星系组成了本星系群。本星系群的尺度约 600 万光年。

本星系群和室女座星系团以及其他约 50 个较小的星系群和星系团等组成了本超星系团。本超星系团的尺度为 1 亿~2 亿光年。

和宇宙相比，我们真是太渺小了！

而理论上，我们可观测的宇宙范围约 137 亿光年，其中包含着无数本超星系团这样的超大星系团。

宇宙中的其他"地球"

既然宇宙中有这么多庞大的星系，那我们的选择好像就多了起来！

你看，这是半人马座，我国南方少数几个省在春天可以看到它。

半人马座 α
半人马座 α 是天空中第三亮的恒星系统，我国称它为南门二。

南门二由 3 颗星组成，这 3 颗星里位于最外层的叫作比邻星，它是距离太阳最近的恒星，与太阳相距约 4.2 光年。

但比邻星有一颗行星——比邻星 b，它的质量大约是地球的 1.3 倍，它位于宜居带上，可能存在生命，是我们离开太阳系后首选的落脚点。

比邻星的质量大约只有太阳质量的 1/10，它是一颗红矮星，大约能够燃烧 1000 亿年，人类无法在上面生存。

这是距离地球约 20 光年的红矮星格利泽 581，它位于天秤座 B 星以北。

格利泽 581 有一颗行星，其质量约为地球的 5 倍，表面温度为 0 ~ 40 摄氏度，恰好允许液态水存在，所以这颗行星上也可能存在生命。

这是距离地球约 638 光年的恒星开普勒 22，位于天鹅座，其质量约是太阳的 1 倍。

它有一颗行星叫作开普勒 22b，其体积约是地球的 2.4 倍，表面存在液态海洋，但科学家不确定海洋中是水还是其他物质。

这些行星都可能是我们的新"地球"，然而它们太远了，哪怕去最近的比邻星 b，乘坐最快的飞船大概也需要 18000 年。

所以我们要建造更先进的飞船，才能快速穿越宇宙，寻找新家园。

未来的星际飞船

现今的火箭和飞船续航能力有限，很难支持远距离的星际探索。未来，想要去更远的宇宙，就需要新型飞船。

离子发动机飞船

优势
它依靠电磁场加速气体离子运动而获得动力，续航能力超强，航行时间越久，速度越快。

不足
推力小，所以它不能依靠自己起飞。

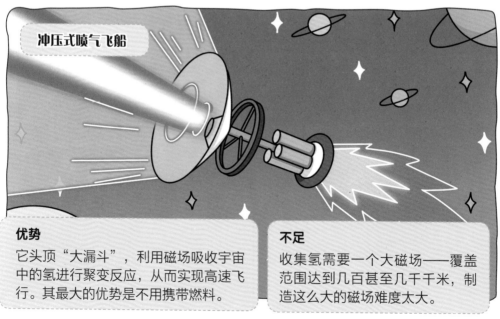

冲压式喷气飞船

优势
它头顶"大漏斗"，利用磁场吸收宇宙中的氢进行聚变反应，从而实现高速飞行。其最大的优势是不用携带燃料。

不足
收集氢需要一个大磁场——覆盖范围达到几百甚至几千千米，制造这么大的磁场难度太大。

太阳光帆飞船

优势

不用携带任何燃料，像帆船主要靠风力前行一样，这种拥有巨大光帆的飞船主要依靠光压前行。

不足

光帆容易被小行星或彗星撞击而遭到破坏。而且，远离恒星后，这种飞船获得的光减少，动力也会减弱。

人造黑洞飞船

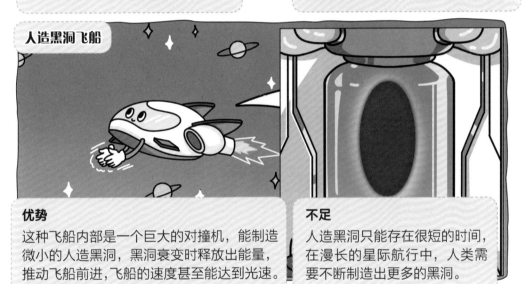

优势

这种飞船内部是一个巨大的对撞机，能制造微小的人造黑洞，黑洞衰变时释放出能量，推动飞船前进，飞船的速度甚至能达到光速。

不足

人造黑洞只能存在很短的时间，在漫长的星际航行中，人类需要不断制造出更多的黑洞。

然而，要想让虫洞稳定存在，就需要大量的负能量，而负能量很难获得。

另外，也许我们还能通过虫洞在宇宙中轻松穿行。

如何到达新家园?

第一大问题——人类寿命太短

星际移民初期,飞船还没达到很快的速度,加速阶段长达几百年甚至上千年,人类很可能在到达新家园前就灭绝了。

星际移民除了受飞船的限制外,还要面对其他一些必须解决的问题。

解决方法:破译基因密码

未来,科学家很有可能已经全面了解了人类的衰老基因。到那时,我们每个人都能拥有更长的寿命,甚至能活几百年。

第二大问题——水、食物短缺

飞船上的水、食物有限,并不能同时满足所有人的需求。

解决方法一:冷冻休眠

为了节省资源,大部分人会在大约零下200摄氏度的环境中冷冻休眠,只留下很少的人轮流值班和管理飞船。

解决方法二：保留意识

有些人担心冷冻技术有危险，会选择抛弃身体，把自己的意识上传到虚拟世界。虚拟世界存在于网络中，几乎和现实世界一模一样，只需要很少的电能就能维持。

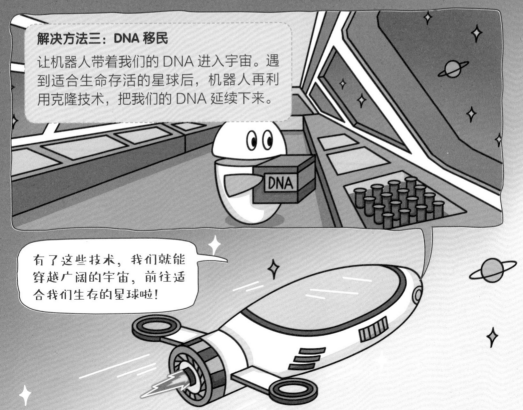

解决方法三：DNA 移民

让机器人带着我们的 DNA 进入宇宙。遇到适合生命存活的星球后，机器人再利用克隆技术，把我们的 DNA 延续下来。

有了这些技术，我们就能穿越广阔的宇宙，前往适合我们生存的星球啦！

宇宙奇观

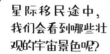

星际移民途中，我们会看到哪些壮观的宇宙景色呢？

柯伊伯带和奥尔特云
它们位于太阳系边缘，岩石和冰组成的碎屑飘荡其间。

天狼星
它们位于大犬座，是一个双星系统，由蓝矮星天狼星 A 和白矮星天狼星 B 组成。天狼星 A 的体积大约是太阳的 1.7 倍。

天狼星距离地球约 8.6 光年，是天空中最亮的星。

北极星
北极星是由 3 颗恒星组成的三星系统，其中北极星 A 是一颗超巨星。

盾牌座 UY
它是目前人类发现的体积最大的恒星。

超新星
超新星被誉为"元素工厂"，铁等重元素都是在这里诞生的。它是大质量的恒星晚年发生剧烈爆炸形成的。

黑洞
超新星爆炸后，如果核心质量较大，就会形成黑洞。

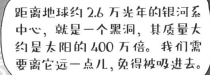

距离地球约 2.6 万光年的银河系中心，就是一个黑洞，其质量大约是太阳的 400 万倍。我们需要离它远一点儿，免得被吸进去。

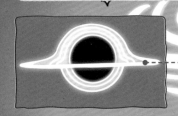

中子星
超新星爆炸后，如果核心质量较小，不足以形成黑洞，就会变成中子星。中子星是黑洞以外密度最大的天体！

脉冲星
脉冲星是高速自转的中子星，不断向外发出电磁脉冲信号。它们自转一周的时间最长只有十几秒，最短还不到千分之二秒！

你好，外星人

星际移民的旅途中，除了遇到形形色色的奇怪天体，还可能遇到什么样的外星人呢？

种族：硅基外星人

星球：富含硅基有机物的星球

外形：拥有水晶一样的身体

特点：能忍受和抵抗超高温度和宇宙射线，寿命长达 100 万年。

弱点：害怕氧气，氧气会让他们感到不适。

我的头好晕，我好想吐。

特点：能用氨水维持身体机能。

弱点：害怕明火，明火会让他们爆炸。

种族：烷类外星人

星球：像土卫六那样有甲烷海洋的星球

外形：像地球上的水母

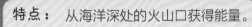

特点： 从海洋深处的火山口获得能量。

弱点： 不能离开水。

种族： 水下外星人

星球： 类似木卫二那样被海洋覆盖的星球

外形： 美人鱼

特点： 能在任何恶劣的环境（甚至包括真空环境)中生存。

弱点： 几乎没有弱点。

马上要到新家园啦！

种族： 微生物外星人

星球： 彗星和小行星

外形： 类似细菌和病毒

你不要过来啊！

相信在不远的将来，很多科学构想将一步一步成为现实，我们也将走出太阳系，探寻更遥远而神秘的宇宙。